Bibliothèque de « L'Ele

Encyclopédie des Races de Chiens

PUBLIÉE
sous la direction de M. Paul MÉGNIN
Directeur du journal « L'Éleveur ».

Le Setter Anglais

SON HISTORIQUE — SON STANDARD
LE SETTER CLUB — RÈGLEMENTS D'EPREUVES
LES CLUBS SPÉCIAUX

Journal « L'Éleveur »
4, RUE ROBERT ESTIENNE, 4

PARIS

1909

ENCYCLOPÉDIE DES RACES DE CHIENS

POUR PARAITRE

PROCHAINEMENT

Le Griffon d'arrêt a poil dur (Korthals)
Le Setter noir et feu
Le Setter Irlandais
Les Griffons d'arrêt (autres que le Korthals)
Les Epagneuls Français
Les Braques Français
Le Lévrier Russe (Barzoï)
Le Bouledogue Français

etc., etc.

Viennent de paraître

LE SPORTING SPANIEL

par le Colonel Cl. CANE

Traduit de l'anglais par J. LUSSIGNY
et suivi de notes de M. LABOUREUR sur le Cocker
et les Auteurs contemporains
accompagné de 60 gravures hors texte

PRIX : 4 FRANCS

LE POINTER

Premier volume de l'Encyclopédie des Races Canines

1 FR. 50

LE SETTER ANGLAIS

SON HISTORIQUE — SON STANDARD

LE SETTER CLUB — RÈGLEMENTS D'ÉPREUVES

CLUBS SPÉCIAUX.

BIBLIOTHÈQUE DE L'*ÉLEVEUR*

4, RUE ROBERT ESTIENNE, 4

— PARIS —

1909

TYPE D'ENSEMBLE DU SETTER ANGLAIS

Adopté par le Setter Club Français

DESSIN DE P. MAHLER

LE SETTER ANGLAIS

Le Setter anglais est, à n'en point douter, un épagneul rendu plus harmonieux dans ses formes, et dont l'allure a été rendue plus vive et la quête plus étendue que celle de nos épagneuls continentaux.

Ce résultat a été obtenu soit par des croisements dont les éleveurs d'Outre-Manche ont gardé le secret, soit même, comme le prétend Laverack, le célèbre éleveur anglais, au moyen d'un élevage judicieux et d'une sélection sévère opérée pendant de longues générations, tant au point de vue des formes, qu'au point de vue des qualités sur le terrain de chasse.

Il est à remarquer que si, comme c'est bien probable, l'épagneul que l'on a parfois appelé « Epaigneux » tire son nom de l'Espagne, dont il doit être originaire, on ne le rencontre plus actuellement dans ce pays à l'état autochtone, tandis qu'il se trouve assez abondant dans les pays plus au nord de l'Europe tels que la France, l'Allemagne, la Belgique et la Russie.

L'épagneul a été fréquemment employé comme auxiliaire de la fauconnerie. Il avait pour mission de quêter et d'arrêter les oiseaux. Lorsque ces derniers se mettaient à l'essor, on lâchait le faucon qui, s'élançant dans les airs, avait bientôt fait de les lier.

C'est pour cette raison qu'on avait attribué à ce chien la dénomination de chien d'oysel.

Parfois aussi, lorsque l'animal arrêtait couché, le maître s'approchait et lançant sur le chien et le terrain environnant un filet assez semblable à un épervier, il capturait les cailles ou les perdrix que le chien avait arrêtées.

Quant à l'étymologie du mot (chien d'arrêt), est-elle attribuable à ce fait que le chien arrêtait, ou vient-elle de ce qu'on se servait simultanément du chien et du filet, ce qui aurait fait dénommer l'animal *Cane di Rete ?*

Nous laisserons au lecteur le soin de se prononcer à ce sujet.

Nos voisins d'Outre-Manche, en modifiant le type originaire de l'épagneul et en attribuant à leurs chiens le nom de setters, ont probablement tiré cette dénomination du verbe *to set*, dont la signification *arrêter*, se *coucher*, fait probablement allusion à la position rampante, ou mieux, couchée que prenait l'animal pour indiquer la présence du gibier.

S'il faut en croire les anciens amateurs, le setter serait d'une origine antérieure à celle du pointer.

On pense que Robert Dudley, comte de Leicester qui vivait au milieu du XVIe siècle fut le premier amateur anglais qui ait employé le setter à la chasse.

Le Dr Caïus, qui est contemporain du noble Lord, a donné dans son livre sur « La chasse et les chiens anglais » des détails très précis sur le mode d'emploi de ces chiens.

Depuis cette époque, de nombreux auteurs cynégétiques, Idstone (le Rev. Pearce) Hugh Dalziel, Elzear Blaze, et tant d'autres que nous ne saurions énumérer ici, ont écrit d'intéressantes et instructives pages sur l'origine et les qualités de cette précieuse famille de chiens d'arrêt.

Et maintenant, laissant de côté la question purement historique et les auteurs anciens, nous voyons apparaître une saisissante figure de setterman. Nous voulons parler de M. Ed. Laverack qui vécut de 1798 à 1877 et qui, commençant à chasser dès l'âge de 14 ans, consacra une longue existence à la pratique des sports et à l'élevage du setter.

Dans son livre « The Setter » dont nous devons la traduction scrupuleuse au commandant Faure, grand amateur de chiens d'arrêt : le Old gentleman nous fait passer successivement en revue les différentes familles de setters qu'il lui fut donné d'observer aux débuts de sa carrière.

A cette époque la battue n'était pas encore en honneur, on chassait sur ses chiens.

Les grands propriétaires anglais avaient réussi à se constituer des lignées de setters sévèrement sélectionnés depuis de longues générations.

Le Stud Book du Kennel Club n'était pas ouvert, mais chaque grand propriétaire avait des livres de chenil régulièrement tenus.

Chacun avait sa race et la conservait avec un soin jaloux.

Or ces diverses familles de setters étaient de robes variables et d'aspects différents. Leur mode de quête et leur structure présentaient aussi des différences appréciables, différences provenant du goût particulier de leurs propriétaires respectifs et du genre de chasse auquel ces races étaient consacrées.

Lorsque Laverack commença à donner libre carrière à ses goûts pour le sport, il acheta, en 1825, au Rev. Harrison près de Carlisle un couple de setters blue belton *Pouto* et *Old Moll.*

C'est à ces deux reproducteurs qu'il faut faire remonter tous les célèbres setters que le vieux gentleman sut faire triompher dans les expositions et les essais publics.

Enfin en 1874 le Kennel Club se constituait, ouvrait son Stud Book et organisait les expositions et les Field Trials.

Déjà les amateurs de chiens d'arrêt avaient organisé des expositions dès 1859 et des Field Trials en 1865. Les principaux setters qui se sont couverts de gloire dans les essais publics des premières années, de 1865 à 1875, sont signalés dans le tableau suivant:

TABLEAU DES PRINCIPAUX SETTERS ANGLAIS
GAGNANT EN ANGLETERRE

Field-Trials de 1865 à 1875.

PROPRIÉTAIRES	CHIENS	N° K.C.S.B.	NOMBRE de fois 1er	Placé	OBSERVATIONS
Barclay Field	Duke	1361	3	4	
	Bruce	1324	4	3	
	Daisy	1487	3	1	1/2 sang Laverack.
	Rose	1551	3	3	id.
A. P. Lonsdale	Romp	1548	1	3	
	Duchess	1494	3	2	
	Rake	4278	1	1	
	Spanker	5058	1		1/2 sang Laverack
Rev. J.-C. Macdona	Ranger	1409	9	5	Champion de Field Trials
R. Garth	Bess	1473	6	1	
	Daisy	1486	4	2	Pure Laverack
	Rock	1424	1		id.
J. Comstrong	Dash II	5039	5	2	3/4 sang Laverack.
J. Bishop	Dinah	5066	2		
Thomas Statter	Dan	1336	3		Cédé à M. P. Llewellin
	Dick	1348	3	1	id.
	Rob Roy	1417	2	2	1/2 sang Laverack.
Purcell Llewellin	Countess	1485	6	3	Pure Laverack.
	Nellie	1533	3	2	id.
	Ruby	1554	2	2	1/2 sang Laverack.
	Leda	4294	1	2	id.
	Laura	4295	1	2	id.
	Countess Bear	5064	1	1	id.
	Countess Moll	5065	1	1	id.
	Sam	5065	2	1	1/4 id.
J.-L. Price	Ginx's Baby	1377	2	1	1/4 id.

Mais d'une part, l'usage de plus en plus généralisé de la battue, supprimant sur la plupart des moors, l'emploi des pointers et des setters, et d'autre part, la fréquence des expositions et des field trials tendant à uniformiser le type du setter, eurent bientôt pour résultat de ramener à un même modèle ces précieuses familles de chiens anglais. Et, chose triste à dire, la plupart des grands chenils renoncèrent à l'élevage des beaux animaux qui jusqu'alors avaient fait leur joie et leur orgueil Un type domina tous les autres, celui des chiens de Laverack et, de nos jours encore, il les domine à tel point que nombre d'amateurs donnent cette dénomination à tout setter anglais, lors même que l'animal ne renfermerait dans ses veines qu'une fraction infinitésimale du sang des chiens du célèbre éleveur, ou leur serait complètement étranger.

Nous avons entrepris de relever les noms et les origines de tous les setters ayant pris part aux Field-Trials de France et de l'Etranger depuis leur institution.

L'intérêt que nous inspirent ces chiens est grand et jamais nous n'avons reculé devant aucun sacrifice pour acheter aux sources les plus autorisées et importer en notre pays les meilleurs setters anglais qu'il nous a été donné de pouvoir acquérir

Mais si nous avons toujours tenu à posséder de beaux chiens, nous avons voulu également qu'ils aient toutes les qualités convenables, estimant qu'un setter anglais, gordon ou irlandais, doit être avant tout un chien de chasse et que le beau chien, qu'on ne peut utiliser sur le terrain est non seulement une non valeur, mais encore un reproducteur nuisible.

On a vu plus d'un beau chien primé aux expositions dont les produits n'ont jamais été d'aucune utilité à la chasse.

Laissons, si vous le voulez bien, nos braves setters

arpenter les brandes et les grands chaumes, tandis que leurs congénères, Blenheims et King Charles, dorment frileusement emmitoufflés sur les genoux de leurs maîtresses. Chacun son rôle ici-bas.

Or le travail que nous avons entrepris et qui, nous le pensons, pourra rendre quelque service aux settermen de notre pays nous a forcément amené à une étude approfondie des origines du setter anglais actuel et du Stud Book du Kennel Club. Il résulte de cet examen qu'à l'époque où le livre des origines anglaises a été ouvert en 1874, on a croisé entre eux des setters anglais dont la robe était singulièrement variée et le sang très différent. On les a même alliés souvent aux setters irlandais et aux setters noir et feu.

C'est du reste à ce dernier croisement qu'a eu recours M. Purcell Llewellin, le célèbre éleveur anglais de setters, qui fut pendant de longues années l'ami de Laverack.

Trouvant que ses setters par suite d'une consanguinité trop répétée avaient une nervosité excessive, M. Purcel Llewellin crut devoir recourir à un croisement en dehors et prit un chien du sang des setters de Lord Gordon.

Il fallait renouveler le sang ; le succès obtenu dépassa toutes les espérances.

C'est en Angleterre que les setters parurent pour la première fois dans les épreuves publiques en 1865 à Southill. L'exemple devait bientôt s'étendre sur le continent et venir jusqu'à nous.

La Société Centrale pour l'amélioration des races canines se constituait en 1884 : elle donnait sa première exposition en 1885 et ses premiers field trials à Esclimont en 1888.

C'est à un setter, *Prince Field* appartenant à M. Grassal que revinrent les honneurs de cette inoubliable journée, précieuse entre toutes pour les amateurs de sport. Enfin en 1891 se fondait le Setter Club de France. Depuis cette époque les choses ont marché.

Ce club se compose de :

M. de Poly, président ;

M. le comte de Montbron, vice-président ;

MM. le comte de Bagneux, membre du Comité ;

L. Lamaignère —

P. Verdé Delisle —

Mottin, secrétaire du Comité.

Comme il faut toujours donner aux éleveurs des indications précises afin qu'ils puissent suivre en ce qui concerne leur élevage, une ligne de conduite, le Setter Club a cru devoir adopter pour le setter anglais un type dont le standard est publié plus loin.

Enfin l'apparence générale du chien a été déterminée dans le dessin publié en tête de cette brochure et dû au talent de M. Mahler.

C'est à ce type moyen et unique que l'on a voulu ramener tous les setters, à quelque famille qu'ils se rattachent et que le Setter Club a adopté. Depuis cette époque, certains amateurs ont semblé préférer des setters d'un type comportant presque identiquement les mêmes points et mensurations que le type adopté pour le pointer par le Pointer-Club.

Or, la plupart des setters de jadis étaient, toutes proportions gardées, plus longs de corps que leurs congénères à poil ras.

Leur structure et leur aspect général présentaient de ce fait quelques différences. Leur allure était plus rampante et plus onduleuse, souvent moins rapide que celle du pointer.

Il ne faut donc pas s'étonner si, par suite des rappels de race, parmi les setters d'une même portée, les uns retourneront à l'ancien type, tandis que les autres se rattachent au type récemment adopté et cela quand même l'étalon et la lice présenteraient tous deux le modèle actuellement en vogue.

En effet, si on remonte à plusieurs générations dans le pedigree des deux facteurs, on y rencontre forcément des animaux de famille et de sang distincts, de robe et de structure différentes.

Il faut, lorsque l'on constate de la divergence dans la robe des setters anglais nés de même père et de même mère, se rappeler que les ascendants de ces deux reproducteurs ont été de couleur très variable ; noir, blanc, crême (chalk-white), blanc et marron, blanc et noir, blanc et orange, tricolore. Parmi ces chiens les uns étaient largement marqués, les autres simplement mouchetés. Il ne faut pas choisir un setter anglais d'après sa robe mais d'après sa structure, l'harmonie de ses formes et sa qualité sur le terrain.

Ch. Piel.

LES DÉBUTS DU SETTER ANGLAIS EN FRANCE

A l'époque de la première exposition canine, en 1863, le setter anglais n'avait pas encore la vogue qu'il a maintenant. Les spécimens étaient rares, et il semble que c'est seulement cette première manifestation cynophile qui ait marqué le véritable début de la carrière de ce chien sportif. L'homogénéité des classes n'était probablement pas très parfaite car les auteurs des articles parus à cette époque diffèrent légèrement d'opinion. C'est ainsi que dans un article de la *Revue Britannique*, en juin 1863, M. Pierre-Amédée Pichot s'exprime de la façon suivante : « Les deux chiens de cette dernière race (épagneuls anglais dits setters) appartenant à M. Paul Caillard, auraient certainement trouvé dans les épagneuls français des concurrents redoutables ». Au contraire, voici ce que dit le vicomte d'Orglandes dans son rapport présenté au nom du jury des chiens d'arrêt : « Dans la sous-classe des épagneuls anglais (setters) le jury a rencontré les plus beaux spécimens. Le couple blanc orangé, appartenant à M. Caillard a enlevé tous les suffrages, l'expression de sa tête, la richesse de ses robes soyeuses, l'harmonie des formes lui a valu en outre du premier prix, la grande médaille d'honneur de la troisième catégorie »

Dans son article sur les chiens employés à la chasse en France en 1863, le Baron de Noirmont, qui parle longuement des épagneuls, passe sous silence les setters. Nous ne trouvons, à leur sujet, que cette phrase : « On recherchait en France, au XVIIIe siècle les épagneuls noirs anglais, qu'on nommait grands et petits Gredins ».

D'autre part, en tête du palmarès de la deuxième

exposition canine (1865) figurait cette notice consacrée aux setters : « Les épagneuls anglais (setters) ont les formes plus fines et plus élégantes que les épagneuls du continent, leur poil est aussi plus fin et plus soyeux ; on en trouve de différents pelages.

Voici maintenant le palmarès de 1865 ; Epagneuls anglais (Setters). 1er prix, Silvio à Mme de Coulibœuf. Pas de 2e prix. 3e prix, Bell à M. Georges Green. 4e prix, *ex æquo* : Duck à M. Lafleur et Flora à M. W. J. Bailey.

C'est à dater de cette époque seulement que le setter anglais est catalogué dans une classe spéciale car en 1863, lors de la première exposition il figura en commun avec les autres variétés de setters ainsi qu'on pourra en juger à la lecture du palmarès de cette première exposition. Le voici : 2e sous-classe de la 21e classe. Epagneuls anglais (setters) comprenant : l'épagneul anglais (setter), l'épagneul noir et feu (Gordon), l'épagneul écossais (noir et jaune), l'épagneul irlandais (rouge). 1er prix : 200 francs, M. Paul Caillard, setter anglais (Dick) ; 2e prix, 100 francs, M. Ychery, épagneul anglais (gordon) (Tom) ; 3e prix, 60 francs, Derville, épagneul anglais (gordon), (Carlo). Médailles d'argent, Comte Braniki, setter anglais (Major) et Comte de Damas, chienne épagneule écossaise (Esther). Médaille de bronze, M. de Coulibœuf de Blocqueville, épagneul écossais (Silvio).

P. M.

Description du Setter anglais

Telle qu'elle a été adoptée par l'Assemblée générale

du 23 Mai 1892.

---

1. **Tête.** — Longue, légère sans exagération, peu de babines, les lèvres s'arrêtant aux mâchoires, la commissure formant une saillie (un commencement de poche) le museau plutôt droit, long et large, une légère dépression à la racine du nez sans empâtement au-dessous des yeux.

Défauts. — Lourde, courte, museau pointu ou busqué, babines pendantes.

2. **Crâne.** — Allongé, le front de forme légèrement arrondie, la saillie occipitale sensible.

Défauts. — Trop large ou trop court.

3. **Mâchoires.** — Régulières, de même longueur, dents fortes et blanches, bien rangées.

Défauts. — Irrégulières, dents jaunes ou gâtées.

4. **Truffe.** — Grosse, large, bien ouverte, moite et brillante, noire ou marron foncé, cependant les teintes claires sont admises chez les setters blancs ou blanc et citron, blanc et orange, blanc et marron.

Défauts. — Etroite, nez pincé.

5. **Oreilles.** — Plantées bas, en arrière, aplatie contre les joues, de longueur moyenne, souples et minces de peau, le bord inférieur non garni de longues soies.

Défauts. — Redressées, trop hautes, portées en avant, écartées des joues, trop courtes ou trop longues.

6. **Yeux.** — Brillants, intelligents, vifs, animés, placés sur une ligne horizontale, couleur brun foncé ou doré, peuvent être plus clairs chez les setters blancs ou blanc et citron, orange ou marron, les sourcils bien détachés du front.

Défauts — Trop petits, ternes, vairons.

7. **Cou.**— Musculeux, assez long, plus épais près des épaules, arqué, la jonction avec la tête nettement accusée, pas de fanons.

Défauts. — Trop court, empâté.

8. **Epaules.**— Très obliques, musclées, Bien dégagées, omoplates longues, humérus long.

Défauts. — Droites, courtes.

9. **Poitrail.** — Large et descendu.

Défauts. — Trop étroit ou de largeur excessive.

10. **Jambes de devant.**— Droites, avant-bras épais et musculeux, coudes descendus et pas en dehors, canons courts, forts et droits avec le reste de la jambe, articulations larges et fortes, ossature développée.

Défauts.— Coudes en dehors, ossature faible.

11. **Dos.**— Relativement court, légèrement arqué, plus long chez les femelles, bien musclé, rein fort et court.

Défauts. — Trop long ou ensellé, rein grêle ou faible.

12. **Coffre.** — Assez vaste, poitrine profonde, côtes longues, légèrement bombées en arrière des épaules.

Défauts. — Trop étroit, sans profondeur.

13. **Hanches.** — Fléchies et bien développées.

14. **Cuisses.** — Fortement musclées, coxal long et oblique, articulations larges, épaisses, jarrets vigoureux, bien descendus et non clos.

Défauts. — Jarrets serrés, ergots.

15. **Pieds.**— Serrés, assez courts, bien feutrés entre les doigts, ongles gros et forts.

Défauts. — Larges, doigts trop longs, écartés.

16. **Queue.** — Plantée haut, de moyenne longueur, portée plutôt basse que haute, non pas droite, mais en forme de faulx renversée, bien garnie de longues soies droites et ondulées, surtout au milieu.

Défauts. — Mal plantée, déviée à droite ou à gauche, portée trop haut, dépourvue de soies, soies frisées.

17. **Poil.** — Fin, plat et soyeux.

Défauts. — Frisé, gros.

18. **Soies.** — Abondantes, surtout en arrière des pattes, aux oreilles, en arrière des cuisses formant culottes à la queue, de la plus grande finesse, soyeuses, presque plates ou légèrement ondulées.

Défauts. — Grossières, dures, raides, frisées.

19. **Couleur.** — Blanc et noir, moucheté ou avec larges taches ou mouchetures citron ou orange ou marron, tricolore, noir zain.

20. **Taille.** — Moyenne de 0m54 à 0m62 pour les mâles, de 0m50 à 0m58 pour les femelles.

21. **Ensemble.** — Solide, élégant, distingué, symétrique, allures faciles et aisées.

Défauts. — Aspect commun, décousu, allures défectueuses, chargé de graisse.

ECHELLE DE POINTS ADOPTÉE PAR LE CLUB

	Points.
Crâne, mâchoire et tête en général * (1, 2, 3) .	10
Truffe * (4)	4
Oreilles, yeux * (5, 6)	4
Cou * (7)	6
Épaule et poitrail * (8, 9)	15
Jambes de devant * (10)	6
Dos et coffre * (11, 12)	8
Hanches et cuisses * (13, 14)	15
Pieds * (15)	8
Queue * (16)	5
Poils, soies et couleurs * (17, 18, 19)	9
Taille et ensemble * (20, 21)	10
	100

(*) Les numéros entre parenthèses correspondent aux numéros de la description.

ECHELLE DES POINTS PUBLIÉE DANS L'OUVRAGE DE M. H DALZIEL.

	Points
Crâne	10
Nez	5
Oreilles, lèvres, yeux	4
Cou	6
Epaules et poitrine	15
Dos, quartiers, grassets	15
Jambes, coudes et jarrets	12
Pieds	8
Queue	5
Tissu de la robe et soies	5
Couleur	5
Symétrie et qualités	10
	100

Le Setter Anglais dans son pays d'origine

Par JACQUES LUSSIGNY

De même que pour de nombreuses autres races canines, les auteurs anglais ne se sont pas encore mis d'accord au sujet des origines du setter. Vient-il du spaniel ou bien ce dernier, au contraire, est-il issu du setter ? C'est ce que chacun essaie de prouver sans y parvenir exactement. Les arguments fournis par les gravures et les descriptions anciennes peuvent être employés aussi bien en faveur de l'une ou de l'autre théorie, de sorte qu'il sera probablement impossible de jamais dissiper le brouillard qui enveloppe cette histoire doublement mystérieuse.

Certains points toutefois semblent être indiscutablement acquis. C'est que le setter était autrefois un chien beaucoup plus puissant de formes qu'il ne l'est aujourd'hui, que la couleur générale était alors le blanc taché de citron, que ses premières attributions furent celles d'auxiliaire dans la chasse au faucon et que c'est seulement vers le milieu du seizième siècle qu'il cessa ces dernières fonctions pour remplir celles de chien d'arrêt : Robert Dudlay, comte de Leicester étant le premier sportsmann qui eut l'idée d'entraîner le chien à ce nouveau genre de travail. On pourrait ajouter que depuis cette époque il n'a pas cessé d'être un chien de chasse.

Le setter anglais a subi, comme tant d'autres, de nombreuses transformations avant d'être amené au type actuel et ce sont les expositions qui en sont principalement la cause. Ses qualités de chasse ont également été grandement améliorées jusqu'à en faire le chien que nous connaissons. Quels furent les moyens employés dans les deux suites de transformations ? Là encore l'histoire est muette ou plutôt elle veut trop prouver et de tout ce fatras d'informations contradictoires il est impossible de rien extraire de bien précis sinon que probablement le setter anglais est en partie redevable de ses qualités olfactives à une infusion de sang du vieux pointer espagnol.

Il est impossible, même dans le plus court des historiques résumés du setter anglais en Angleterre, de ne pas mentionner le nom de Laverack dont le nom est si intimement mêlé à l'histoire de la race.

Né pauvre, Laverack fut, tout enfant, apprenti cordonnier. Il ne semblait donc pas destiné à devenir le sportsman qu'il fut, lorsque, jeune encore, il hérita d'une assez jolie fortune que lui légua un parent éloigné. C'est ainsi qu'il put donner libre cours à l'amour du sport qu'il possédait à un très haut degré. Cela se passait aux environs de 1825. A cette époque la chasse du grouse n'était pas encore un sport inaccessible à beaucoup et l'on trouvait des moors considérables où pouvait aller chasser quiconque osait affronter le parcours d'aussi rudes terrains. Laverack mena donc cette existence en compagnie de ses setters pendant plus de quarante ans et c'est ainsi qu'il acquit cette connaissance du chien qui fit en grande partie sa renommée.

Comment opéra-t-il afin de fixer la famille à laquelle on a donné son nom. Cela peut aussi donner lieu à discussion. Il semble qu'il ait en partie indiqué sa méthode en publiant les pedigrees qui parurent dans le Kennel Club Stud Book et qui montrent à quelle perfection peuvent atteindre des croisements consanguins judicieusement pratiqués. Ils furent cependant très contestés et l'on alla jusqu'à soupçonner leur exactitude quand on prétendit qu'ils étaient une « impossibilité ». Mais si l'on songe que

Laverack chassant quotidiennement sur ses chiens pendant près d'un demi-siècle a eu tout le loisir de les étudier minutieusement, on se rend parfaitement compte qu'il ait pu connaître par le détail leurs qualités et leurs défauts. Dès lors, on peut très bien admettre que ses observations l'aient conduit à une sélection merveilleuse que la consanguinuité ne gêna nullement. Au contraire, elle put même l'aider: la zootechnie explique parfaitement des faits de ce genre.

Des anecdotes particulières furent également relatées. En voici une : il existait sur les domaines des comtes de Carlisle une large bande de terrain sur laquelle vivaient des nomades qui, depuis un temps immémorial, s'étaient acquis le droit de chasse. Un 12 août donc Laverack se joignit à eux. Ils formaient un groupe d'une trentaine précédés d'une meute de setters parmi lesquels un fut distingué par Laverack : son nez, son allure, son style le fascinèrent au point qu'il l'acheta et qu'il s'en servit pour l'élevage.

Mais ce sont là des détails qui ne jettent qu'une faible lumière sur les procédés qu'il employa. Certains auteurs affirment qu'il infusa du sang de pointer, d'autres du sang de setter irlandais. Il se peut, et l'on est tenté de dire : après tout, pourquoi pas ! Quoiqu'il en soit un fait existe c'est que si Laverack eut beaucoup de partisans, il eut aussi de nombreux adversaires. Tandis que les premiers s'accordaient à voir en lui le « bienfaiteur » de la race, les seconds lui reprochaient d'avoir éloigné de ces chiens beaucoup de chasseurs pour cette raison qu'il était impossible de dresser les sujets de la famille ou leurs descendants. Cet instinct sportif que Laverack avait tant cherché chez ses chiens, avait acquis, prétendaient-ils, un tel degré d'importance, qu'il les entraînait à poursuivre le gibier même quand il ne le fallait pas. A cela venait s'ajouter une ténacité, une indépendance et une obstination telles qu'elles complétaient d'une façon vraiment trop malheureuse leur merveilleux tempérament chasseur. En fait, avançaient-ils, neuf hommes sur dix abandonnaient le dressage.

Ces critiques n'ont pas empêché le nom de Laverack d'être donné à la famille bien que lui-même s'y soit toujours opposé. Il ne prétendit jamais avoir inventé une variété, mais simplement continué ce qui existait. Toute sa pensée est exprimée dans le fragment de cette lettre écrite de sa main : « La race de setters que j'ai trouvée la plus utile, combinant les qualités les plus essentielles du chien couchant, c'est-à-dire : arrêt, vitesse, nez, méthode, endurance, était connue dans le nord du Cumberland, du Northumberland et le sud de l'Ecosse, comme l'ancienne et originale variété noire ou gris argent, et en Ecosse comme celle des anciens blue-beltons. Quelle est son origine, cela je ne peux le dire, mais ce que je puis affirmer, c'est que je peux en tracer l'ascendance pendant soixante-quinze ans ou plus, car je l'ai eue, en ma possession depuis quarante ans, que le Rev. A. Harrisson, de Carlisle, de qui je l'ai obtenue, l'avait lui-même conservée pendant trente-cinq ans »

Il est, en outre, indispensable de mentionner le nom de M. Richard Purcell Llewellin qui a également donné son nom à une famille de setters. Ce gentleman commença l'élevage à l'époque de la fondation des field-trials. Il débuta avec des noirs et feu et des setters anglais vieux-style et fut battu. Il essaya alors du setter irlandais avec lesquels il fut plus heureux, mais pas encore satisfait. C'est alors qu'il eut l'idée de croiser les irlandais avec les Laverack et dès lors, il devint imbattable en exposition. L'une de ses chiennes nommée Flame fut un modèle et son nom figure dans presque tous les pedigree actuels.

Ayant obtenu le type, M. Purcell Llewellin chercha les qualités de travail. En 1871, il acheta le couple gagnant des field-trials de Shrewsbury : Dick et Dan qui appartenaient alors à M. Slatter, agent de lord Derby. Dick, très inférieur, fut écarté mais Dan, croisé avec une chienne pure Laverack, fut la souche de cette race retentissante. Chose curieuse, alors que la famille des Laverack est à peu près complètement éteinte, celle des Llewellin qui lui doit en grande partie ses succès, vit encore et progresse. C'est la note mélancolique que vient jeter l'évolution sur un passé de brillants succès.

Jusqu'à une certaine époque une confusion, conséquence inévitable de ces branches diverses d'une même race, régna dans la classification des setters. On distinguait des sous-classes de blue-belton, de Laverack, etc. Et cette division ne cessa que le jour où le Kennel Club adopta une dénomination unique et générale : English Setters, qui supprima toute espèce de discussion, officiellement du moins. Car il y a toujours chez les éleveurs une préférence pour tel ou tel sang, ou telle ou telle particularité qui leur fait rechercher un étalon plutôt qu'un autre. Ces idées personnelles se retrouvent aussi dans les jugements de la plupart des spécialistes appelés à faire un classement en exposition. Certains voient dans le setter un chien de sport et priment surtout la construction en vue du travail, d'autres sont restés des exposants et voient avec cet œil imparfait ; il en est qui recherchent la tête classique, d'autre le fouet idéal, quelques uns le poil, voire même les marques de la robe. Mais il semble surtout que la tête joue un grand rôle dans l'élevage du setter anglais d'exposition. C'est toujours ce point qui m'a frappé lorsqu'il m'a été donné de me rendre en Angleterre. La plupart des sujets alignés dans le ring montrent des têtes énormes, puissantes, fort longues, aux babines importantes équarissant le museau et attirant aussitôt le regard. Le corps qui suit est généralement étriqué, l'ossature manque, la construction appauvrie est à peine masquée par un poil long et soyeux que la toilette a embelli et allongé. Il étoffe le chien pour l'œil, mais la palpation est décevante. On ne rencontre pas souvent un chien vraiment bâti en travailleur. Je parle, bien entendu, des chiens d'exposition et pour être honnête, je dois faire une exception en faveur des sujets exposés dans les classes de field-trialers ; ils sont toutefois excessivement peu nombreux et leurs qualités de ring sont aussi bien inférieures à celles de leurs voisins des autres classes.

Il existe en Angleterre un English Setter Club dont la mission principale est d'encourager l'élevage en vue de l'amélioration des qualités sportives. Il organise donc des field-trials annuels. Cependant, ce club, afin de ne pas trop éloigner le setter de la perfection du type décerne des prix à quelques expositions. Il a d'ailleurs, dans ce but, établi un standard de points qui est officiellement adopté. Les intérêts du setter anglais sont donc entre de bonnes mains dans son pays d'origine.

Jacques Lussigny.

Standard établi par l'English Setter Club

Traduit de l'anglais par JACQUES LUSSIGNY

Tête. — La tête doit être longue et maigre, avec un stop bien marqué. Le crâne ovale de l'oreille à l'oreille, montrant beaucoup de capacité cérébrale et avec une protubérance occipitale bien marquée. Le museau modérément profond et bien carré ; la distance du stop à la pointe du nez doit être longue, les narines larges et les mâchoires de longueur presque égale ; les babines pas trop pendantes. La couleur du nez doit être noire, ou foncée, ou foie clair suivant la couleur du poil. Les yeux doivent être brillants, doux et intelligents, et de couleur noisette foncée, les plus foncés sont les meilleurs. Les oreilles de longueur modérée, attachées bas et pendant en plis nets près des joues ; la pointe doit être veloutée, la partie supérieure couverte de poils fins et soyeux.

Cou. — Le cou doit être plutôt long, musclé et maigre, légèrement arqué à la crète et nettement coupé à l'endroit où il rejoint la tête ; vers l'épaule il doit être plus large et très musclé, pas de fanon sans rien de pendant sous la gorge, mais élégant et pur sang en apparence.

Corps. — Le corps doit être de longueur modérée avec des épaules bien attachées en arrière ou obliques ; le dos court et droit ; les reins larges et légèrement arqués, forts et musclés. La poitrine profonde au bréchet (1), avec de bonnes côtes rondes, largement sorties, profonde dans les côtes arrières : c'est-à-dire à côtés bien relevées.

Jambes et pieds. — Les rotules (2) doivent être bien courbées et souples, les cuisses longues depuis la hanche jusqu'au jarret. L'avant-bras gros et très musclé, l'épaule bien descendue. Les paturons courts, musclés et droits. Le pied très serré et compact, et bien protégé par du poil entre les orteils.

---

(1) *Brisket*, dans le texte. Le *bréchet*, en anatomie, désigne surtout la crête qui se trouve à la face externe du sternum chez les oiseaux. — J. L.

(2) *Stifles*, dans le texte. Plus vulgairement, les genoux.

Queue. — La queue doit être attachée presque sur la ligne du dos, de longueur moyenne, ni enroulée, ni tordue (1), elle doit être légèrement incurvée ou en forme de cimeterre, mais sans aucune tendance à se relever, la « bannière » ou frange, pendant en long, en flocons ; la frange ne doit pas commencer à la racine, mais légèrement plus bas, et augmenter de longueur au milieu, pour ensuite aller en diminuant graduellement jusqu'au bout ; et le poil long, brillant, doux et soyeux, ondulé mais non frisé.

Poil et franges. — Le poil depuis le derrière de la tête et la ligne passant par ce point et les oreilles doit être légèrement ondulé, long et soyeux, ce qui doit être le cas de tout le poil en général, la culotte et les jambes de devant, presque jusqu'aux pieds, doivent être bien frangées.

Couleur et marques. — La couleur peut être indifféremment noire et blanche, citron et blanche, foie et blanche ou tricolore, c'est-à-dire noire, blanche et feu ; ceux qui sont sans larges taches sur le corps, mais sont mouchetés partout sont préférés.

---

(1) *Ropy* dans le texte, de *rope*, corde.

LE

SETTER-CLUB FRANÇAIS

PAR F. MASSON.

C'est en 1891 que ce Club fût constitué, donc à la même époque que celui du Pointer, mais bien qu'ayant compté lors de sa fondation un peu plus d'adhésions que ce dernier, il n'en a pas atteint la prospérité, n'ayant jamais réuni qu'une cinquantaine de membres environ et l'indifférence des nombreux partisans d'une race dont les qualités et le bel aspect sont appréciés à juste titre à l'égard de la Société qui a entrepris d'en poursuivre l'amélioration, ne peut provenir que de ce qu'ils ignorent l'existence de cette société ou de ce qu'ils ne sont pas assez vivement sollicités d'en faire partie.

Les adhésions ne viennent. en effet, qu'autant qu'on les provoque en mettant sans cesse en évidence le groupe appelé à les recevoir et un Bulletin officiel qui n'est adressé qu'aux membres titulaires n'est assurément pas un moyen de propagande susceptible d'en amener des nouveaux.

Le Setter-Club Français s'était, du reste, rendu compte un moment de la nécessité de faire connaître son existence et son but, puisqu'en 1894, il a adressé aux amateurs de la race une lettre-circulaire signée par son président, M. le comte d'Archiac et dans laquelle il sollicitait leurs adhésions en stipulant que son but était de s'occuper de l'amélioration de la race en l'orientant conformément aux exigences de la chasse telle qu'on la pratique en France ; mais la démarche n'a pas été, je crois, renouvelée.

Dès sa fondation le Club estimant avec raison que la première chose à faire était de déterminer les points de la race qu'il se proposait de patronner a établi en 1892 un standart emprunté en majeure partie à celui qui a été décrit par M. Laverack ; mais ce fut la seule manifestation par laquelle il appela l'attention jusqu'à ce qu'il prenne en 1897 la décision de participer dans une certaine mesure à l'organisation des Field-trials que le Pointer-Club donnait régulièrement chaque année depuis 1894.

Il ne donna suite, du reste, à cette décision que d'une façon intermittente et après avoir affirmé en 1899 sa tendance à encourager la production du chien pratique en attribuant un prix de cent francs au plus beau setter, mâle ou femelle, classé dans l'épreuve à quête restreinte organisée par la Société centrale, il ne fit plus, en 1900, cause commune ave le Pointer-Club.

Il reprend, il est vrai, l'association l'année suivante, mais il y renonce de nouveau en 1902 et s'abstient jusqu'en 1907.

Cela devient alors plus sérieux car au lieu d'une simple participation le Setter Club appliquant la mesure admise par son assemblée générale l'année précédente, décide de fusionner avec le Pointer-Club pour organiser au printemps les épreuves internationales et nationales habituellement données sous la seule responsabilité de cette dernière société et il maintient cette décision en 1908.

Le Setter-Club a montré la même irrésolution a propos des récompenses qu'il a crû devoir attribuer à sa race dans les expositions.

Après s'être abstenu jusqu'en 1894 il donne alors un prix unique au plus beau setter, mâle ou femelle, figurant à l'exposition de Paris.

En 1895, il supprime ce prix et organise à l'exposition parisienne un concours spécial avec une clause différente pour chaque sexe et dotées l'une et l'autre d'un premier prix de 100 francs et d'un deuxième prix de 50 francs. Le concours n'était ouvert qu'aux chiens appartenant à des propriétaires français ou étrangers domiciliés en France et en outre des prix ci-dessus une médaille de vermeil donnant droit à la qualification de « Recommandé par le Club » était ajoutée à un prix spécial de 120 francs dans le cas où le titulaire de ce prix aurait été mentionné aux épreuves en campagne d'une société reconnue.

Malgré leur importance, ces récompenses ne furent disputées que par six chiens et quatre chiennes.

Aussi la tentative ne fut pas renouvelée et en 1896 le Club s'en tint à deux prix à décerner dans les classes de puppies.

En 1897, 1898 et 1899, soit que ses ressources ne lui permettent pas de le faire, soit pour tout autre motif, le Club s'abstint de donner des prix spéciaux, mais en 1900, il revient au prix de cent francs pour le plus beau chien et de même pour la plus belle chienne, en ajoutant une médaille de vermeil pour la classe des setters écossais établie à la suite du vœu qu'il avait, à ce propos, exprimé l'année précédente.

A son assemblée générale, il prend la résolution de créer un Bulletin annuel qui sera envoyé gratuitement à ses membres et qui mentionnera exclusivement les inscriptions au L. O. F. de leurs chiens ainsi que les récompenses qu'ils auront obtenues.

Il décide aussi d'attribuer des médailles de vermeil aux expositions de province organisées par la société centrale.

En 1901, il ajoute aux prix qu'il donne dans les classes ouvertes, deux prix de 50 francs l'un, attribuables aux classes de puppies et ces dispositions sont maintenues jusqu'en 1903, augmentées en 1902 d'une médaille d'argent pour tout naisseur d'un setter, mâle ou femelle, titulaire d'un prix spécial du Club, à la condition que le naisseur soit membre du Club.

C'est également en 1902 qu'il institue un championnat spécial pour les setters qui, tout en ne pouvant pas obtenir le championnat de la Société Centrale, ont cependant fait preuve de réelles qualités et sont alors dignes d'être recommandés comme reproducteurs sous la qualification de « Champions du Setter-Club ».

Aucune modification ne survient jusqu'en 1908 et parmi les décisions adoptées dans les assemblées générales, je ne vois à signaler que l'adoption d'un vœu exprimé par M. le Dr Janez relativement à la règlementation de l'usage des affixes.

Le Setter-Club a été présidé successivement par MM. le comte d'Archiac, le comte d'Orglandes et de Poly, ce dernier encore actuellement en fonctions et secondé par un comité composé de MM. le comte de Bagneux, le comte de Montbron, Verdé-Delisle et Lamaignère avec M. Mottin comme secrétaire.

F. MASSON.

RÈGLEMENT

POUR LES

EPREUVES DU SETTER CLUB

Élaboré par la Commission des Fields Trials (1)
Nommée en Assemblée Générale du 21 Mai 1899

1° Les Concours auront lieu, suivant le temps, dans le courant d'avril. Le Comité décidera dans quelle partie de la France ils auront lieu.

Les Concours seront dirigés par une Commission de trois membres désignés par le Comité.

Le Jury sera composé de trois membres également choisis par le Comité.

2° Les Concours seront toujours annoncés trois mois au moins à l'avance par la voie des journaux de Sports.

3° Les Juges devront toujours laisser travailler chaque couple pendant quinze minutes et s'efforcer de leur donner à tous des chances égales. Le chien qui aura obtenu le numéro le plus élevé sera placé au premier tour à la droite des Juges et portera un collier rouge. Après le premier tour, le chien que les Juges décideront de faire courir à leur droite portera le collier rouge.

Si le nombre des chiens est impair, l'animal qui aura obtenu le numéro le plus élevé concourra avec un chien désigné par les Juges. Il en sera de même

---

(1) Ce règlement a été modifié en 1908, on le trouvera plus loin, et si nous donnons l'ancien réglement, c'est pour montrer les tendances actuelles.

L'ÉDITEUR.

pour les chiens dont le concurrent ne se présenterait pas pour un motif quelconque.

Chaque chien doit être présent sur le terrain pour être amené à l'appel immédiat de son nom. Si son absence se prolonge, la Commission chargée de diriger le Concours pourra prononcer l'exclusion du Concours ou infliger une amende variant de 10 à 50 francs, suivant le cas de l'absence.

Chaque chien sera conduit par son propriétaire ou par son dresseur ou par le fondé de pouvoirs de son propriétaire.

4° Les Juges rappelleront à l'ordre tout conducteur qui ne ferait pas battre le terrain à leur satisfaction ou qui ne se tiendraît pas à proximité de son concurrent; en cas de récidive, ils peuvent l'exclure du Concours. Il en sera de même pour celui qui sifflerait d'une façon exagérée ou se livrerait à des appels de voix hors de propos ou se comporterait de manière que, dans l'opinion des Juges, il porte préjudice aux chances de succès de son concurrent.

Tout propriétaire qui aurait à se plaindre de la conduite de son concurrent, comme ayant gêné son chien, peut recourir à l'intervention des Juges.

5° Au premier tour, il sera tiré un coup de fusil sur l'arrêt de l'un des concurrents.

6° Quand un chien est à l'arrêt, son concurrent ne doit jamais le dépasser, mais prendre l'arrêt à patron en arrière. Cependant le défaut d'arrêt à patron n'entraînera pas l'élimination immédiate du chien; les Juges auront toute latitude pour apprécier la gravité de la faute et pour la punir. Il en sera de même en ce qui concerne la poursuite du lièvre.

7° Après chaque épreuve, un drapeau est levé pour indiquer au public celui des deux chiens qui est réservé pour l'épreuve suivante. Si les deux drapeaux sont levés et agités simultanément, c'est pour indiquer que les deux chiens sont réservés Le drapeau est rouge pour le chien qui porte le collier rouge et blanc pour l'autre chien.

8° Pour décerner les prix, les Juges tiendront compte de la méthode et de l'étendue de la quête, des allures, du port de la tête en quête et à l'arrêt, de la fermeté de l'arrêt, de l'habileté à trouver le gibier et de la prudence à l'approcher.

9° Les Juges n'accorderont aucun prix au chien qui ne battrait pas son terrain absolument comme il le ferait s'il était véritablement à la chasse. Ils exigeront une quête rapide, étendue ou courte, suivant les nécessités du moment. Le chien doit battre son terrain avec intelligence et méthode pour ne pas laisser de gibier derrière lui ; il doit être dans la main de son dresseur tout on conservant son initiative.

Les chiens classés pour les trois premiers prix devront courir une épreuve au moins, à mauvais vent, épreuve dans laquelle les Juges attribueront moins de gravité aux fautes commises à mauvais vent, mais aussi plus de mérite aux qualités manifestées dans ces conditions désavantageuses. Ce dernier paragraphe n'est pas applicable aux concours de puppies.

10° Les Juges ne décerneront les prix que s'ils reconnaissent que les concurrents les ont sérieusement mérités. Il sera accordé deux ou trois mentions suivant le nombre des chiens concurrents ; les Juges ne donneront ces mentions que si elles sont sérieusement méritées.

11° Les épreuves seront jugées d'après l'échelle de points adoptée par le Comité.

12° Après le premier tour, les juges feront connaître aux commissaires les chiens réservés pour une seconde épreuve. Les commissaires procéderont à un nouveau tirage au sort en évitant que deux chiens ayant déjà couru ensemble se retrouvent à nouveau une deuxième fois.

13° A partir du troisième tour, les Juges désigneront eux-mêmes les chiens qu'ils désirent voir travailler ensemble. Le premier et le deuxième prix devront toujours avoir concouru ensemble, de même le deuxième et le troisième prix. Les Juges feront courir ensemble les chiens qui ont des chances d'être placés, autant de fois qu'ils le jugeront nécessaire.

14° Si un propriétaire veut faire courir un chien sous un nom autre que celui sous lequel il a déjà pris part à un field-trial ou à une exposition, il sera tenu de le mentionner sur la feuille d'engagement.

15° Celui qui engage un chien ne lui appartenant pas est également tenu d'indiquer sur la feuille d'engagement le nom du propriétaire.

16° Tout propriétaire devra indiquer les origines du chien qu'il engage.

17° Le Comité a le droit de refuser l'engagement d'un chien qu'il croira devoir exclure.

Par le fait sont exclus les chiens appartenant à une personne disqualifiée par une Société Canine.

Les chiennes en folie seront exclues du Concours, leur entrée sera remboursée intégralement.

18° Toute réclamation devra être formulée au moment de la proclamation des prix. Elle sera tranchée séance tenante par les commissaires dirigeant le Concours. Leur décision sera souveraine.

19° Pour le Concours des chiens n'ayant jamais gagné en field trial, ni obtenu de mention ou de certificats de mérite avant le moment du Concours, il sera procédé au premier tour à un travail par chien isolé, travail qui durera un quart d'heure au moins, sauf le cas où le chien se montrerait complètement nul.

(Les Concours du Setter-Club sont uniquement réservés aux membres du Club ayant acquitté trois cotisations.)

ÉCHELLE DE POINTS :

1° Nez	30	points
2° Style et fermeté de l'arrêt. .	20	—
3° Méthode de la quête, allure .	20	—
4° Dressage	15	—
5° Couler le Gibier.	10	—
6° Arrêt à patron	5	—
Total.	100	points.

RÈGLEMENT

pour les épreuves du Setter Club admis en 1908 (1)

Epoque des concours. — Les concours auront lieu, suivant le temps, dans le courant d'avril et suivant les dates choisies par les Sociétés françaises et étrangères.

Organisation. — Les Concours seront dirigés par le Comité S. C. F.

Le jury sera composé de trois membres choisis par le Comité, les noms des juge doivent être publiés en même temps que l'annonce des épreuves.

Mesures d'ordre. — Les concours ne sont pas publics : seuls les membres du Setter Club et des sociétés affiliées à la Société Centrale ont le droit d'y assister.

Les cartes d'invitation sont rigoureusement personnelles et doivent être portées ostensiblement.

Les assistants doivent se conformer aux mesures d'ordre prescrites par les commissaires, et éviter surtout de fouler les récoltes ou de traverser les champs qui n'ont pas été parcourus par les chiens.

Pendant les épreuves, le public doit suivre les juges à distance, et ne pas dépasser le commissaire chargé de maintenir la direction de la marche : cependant les commissaires pourront autoriser à suivre les juges, les membres de la presse et les propriétaires au moment où leurs chiens seront appelés pour concourir ; ils devront suivre en silence pour ne pas effrayer le gibier.

Toute personne qui trouble les concours, ou qui ne se conforme pas aux mesures prescrites et aux injonctions des commissaires peut être exclue du concours.

Juges. — Toute liberté est laissée aux juges pour former leur appréciation, toutefois, ils sont priés de se conformer à l'esprit du présent règlement.

Le comité se réserve le droit de remplacer les juges qui seraient empêchés, même pendant le concours.

Inscriptions. Engagements. — Tout propriétaire devra indiquer les origines du chien qu'il engage et son numéro d'inscription s'il est inscrit à un stud-book reconnu. Les inscriptions, pour être valables, doivent être accompagnées du montant de l'engagement.

---

(1) Ce règlement — qui est le même que celui du P. C. F. — est l'œuvre d'une commission composée de MM. Mairesse, E. André, Dr Labitte, Cte de Richemond et Dr Janez.

Exclusions. Inscriptions refusées. — Sont exclus les chiens appartenant à une personne disqualifiée par la Société Centrale ou une Société affiliée. Les chiennes, sous l'influence de leur sexe ne sont pas admises à concourir ; le montant de leur inscription sera remboursé intégralement, mais le propriétaire devra faire la déclaration par lettre recommandée, avant le concours.

Seront également exclus du concours les chiens méchants attaquant leurs concurrents, ou atteints de maladie contagieuse, mais le montant de leur inscription reste acquis à la Société.

Le comité se réserve le droit d'exclure du concours tout chien qu'il ne croit pas devoir admettre pour quelque cause que ce soit, et de rembourser le montant de son inscription, même après l'avoir acceptée.

Tirage au sort. — Il ne sera plus fait de tirage au sort : les chiens seront classés par rang d'âge en commençant par les deux plus jeunes ; si ces deux chiens appartiennent au même propriétaire, il sera fait choix du concurrent suivant.

Les chiens concourent par couple, dans l'ordre du programme ; les chiens placés à gauche courront à gauche et les autres à droite.

Byes. — Si le nombre des chiens est impair, les juges désigneront un chien pour courir avec le dernier.

Il en sera de même pour tout chien dont le concurrent fait défaut.

Collier rouge. — Lorsque deux chiens de même race et de même couleur doivent courir ensemble, celui qui est placé à la gauche des juges portera un collier rouge.

Changement de nom. — Les chiens inscrits à un livre d'origines ne peuvent plus changer de nom.

Si un propriétaire veut faire courir un chien non inscrit à un livre d'origines sous un nom autre que celui sous lequel il a déjà pris part à un field-trial ou à une exposition, il sera tenu de le mentionner sur la feuille d'engagement. Celui qui engage un chien ne lui appartenant pas est également tenu d'indiquer sur la feuille d'engagement le nom du propriétaire.

Absence des chiens. — Chaque chien doit être présent sur le terrain pour répondre immédiatement à l'appel de son nom.

En cas d'absence non motivée, les commissaires pourront prononcer l'exclusion du concours ou infliger une amende variant de 10 à 50 francs, suivant le cas de l'absence.

Appréciation du travail des chiens. — Les juges devront toujours, au premier tour, laisser travailler chaque couple pendant quinze minutes, à moins d'infériorité notoire, et s'efforcer de leur donner à tous une chance égale.

Les juges sont priés de ne tenir aucun compte des prix qu'un chien a pu gagner dans les field-trials précédents ; ils ne prendront en considération que le travail du jour.

Au premier tour, il sera tiré un coup de fusil à l'arrêt de chaque chien.

Au coup de fusil, le chien doit rester immobile ; s'il court ou s'il s'enfuit par suite de la détonation, il peut être éliminé suivant la gravité de sa faute.

Au premier tour, les juges sont invités à montrer un certaine tolérance ; ils songeront qu'en se montrant trop sévères au début, ils s'exposent à terminer le concours avec des chiens n'ayant pas commis de graves fautes, mais de médiocre qualité, comme nez, style, vitesse et endurance. Il arrive parfois que les médiocrités réservées commettent dans les épreuves finales des fautes tout aussi graves que celles qui ont fait éliminer du premier coup les grands chiens. En semblable occurrence, les juges pourraient rappeler certains chiens qui, sous le rapport du style, de la vitesse et de l'endurance, ont un nombre supérieur de points, et à tous les points de vue ce serait équitable.

Il ne faut pas perdre de vue que le but des field-trials à grande quête est de désigner aux éleveurs les reproducteurs d'élite qui engendreront d'autres grands field-trialers et de nombreux chiens de chasse de tout premier ordre : il serait facile d'en faire la preuve par la descendance de champion Bang, champion Drake, ou des fameux setters du regretté notaire Richard.

Pour décerner les prix, les juges tiendront compte de la méthode et de l'étendue de la quête, du nez, de la façon d'éventer et de prendre connaissance du gibier, de la rapidité des allures, de l'endurance, du port de la tête en quête et à l'arrêt, du style, de la fermeté et de la sureté de l'arrêt, de l'initiative et de l'intelligence à trouver le gibier, de la prudence à l'approcher et à le couler, de l'obéissance, et enfin de l'immobilité au départ du gibier.

Le chien doit couler avec prudence et seulement sur l'ordre de son conducteur ; les juges se montreront sévères pour les chiens qui refusent de couler ou que le conducteur est obligé de tirer par le collier pour le porter en avant.

Le chien doit battre son terrain avec intelligence et méthode, absolument comme s'il était à la chasse, pour ne pas laisser de gibier derrière lui ; il doit être dans la main de son dresseur, tout en conservant la plus grande initiative.

Les juges ne se prononceront pas sur le mérite d'un chien

exclusivement d'après le nombre de ses arrêts, ou de ses arrêts à patron ; ils tiendront compte de la rapidité et de l'étendue de la quête, des allures rapides et de l'endurance ; ils considèreront qu'un chien qui ne réunit pas ces trois conditions n'est pas qualifié pour figurer dans un concours à grande quête : ce chien ne pourra obtenir qu'une mention.

Les juges n'oublieront pas que le chien qui, sans avoir peur de se compromettre, bat hardiment son terrain, a beaucoup plus de mérite que celui qui cherche surtout à éviter les fautes, soit parce qu'il manque de moyens, soit parce qu'il est retenu par son dresseur.

Arrêt à patron. — L'arrêt à patron est rigoureusement exigé.

Il s'obtient spontanément ou à l'ordre (1).

Aucun prix ne sera décerné à un chien qui ne respecterait pas l'arrêt de son concurrent naturellement ou à l'ordre de son conducteur, si le chien ne patronne pas naturellement le conducteur peut le faire patronner, soit en le faisant coucher, soit en l'amenant doucement et sans bruit derrière son concurrent. Il est entendu que le conducteur pourra faire patronner à l'ordre par le geste, la voix ou le sifflet, mais en utilisant ces moyens avec la plus grande discrétion pour ne pas porter préjudice à son adversaire.

Tout chien qui ne patronne ni spontanément, ni à l'ordre de son conducteur, ou qui vient gêner son concurrent, ou qui prend son point sera éliminé.

Le chien qui est à l'arrêt ou à patron doit rester immobile et ne reprendre sa quête que sur l'ordre de son conducteur.

Il ne sera compté aucune faute à un chien qui ne patronnerait pas, s'il ne peut voir son concurrent à l'arrêt. Lorsqu'un chien n'aura pas eu l'occasion d'arrêter à patron pendant les diverses épreuves qu'il aura faites, le doute lui profitera.

Les juges sont priés de ne pas faire coucher un chien pour voir si le concurrent arrête à patron ; il est facile de comprendre qu'un chien refuse de patronner un chien couché qui n'a pas l'attitude rigide de l'arrêt.

Dans l'esprit du règlement, il ne sera compté aucune faute au chien ne patronnant pas de son propre mouvement, mais respectant immédiatement l'arrêt de son concurrent sur l'ordre de son conducteur ; cependant, les juges tiendront compte dans le classement final des points acquis au chien patronnant naturellement.

---

(1) M. E. André au cours des séances de la commission, s'est montré d'une intransigeance absolue — en rejetant l'arrêt à patron à l'ordre.

Conducteurs. — Le conducteur peut se servir du sifflet, de la voix, du geste avec discrétion ; celui qui sifflerait d'une façon exagérée ou se livrerait à des appels de voix hors de propos ou se comporterait de manière à porter préjudice aux chances de son concurrent, sera rappelé à l'ordre et s'expose à être éliminé en cas de récidive.

Tout conducteur qui aurait à se plaindre de son concurrent comme ayant gêné son chien peut recourir à l'intervention des juges.

Les juges peuvent rappeler à l'ordre tout conducteur qui ne erait pas battre le terrain à leur satisfaction, ou ne se tiendrait pas à proximité de son concurrent ; en cas de récidive, ils peuvent l'exclure du concours.

Quand un chien prend un arrêt à une certaine distance des juges, le conducteur, doit après le départ du gibier prendre son chien en laisse et le ramener près des juges à proximité de son concurrent. Après le premier tour, les juges proclameront les noms des chiens réservés et indiqueront dans quel ordre les couples seront rappelés ; ils éviteront que deux chiens ayant déjà couru ensemble au premier tour se retrouvent à nouveau au deuxième tour.

A partir du troisième tour, les juges rappelleront les chiens qu'ils désirent voir travailler ensemble, autant de fois qu'il leur plaira. Ils pourront, si bon leur semble, faire courir une épreuve à mauvais vent ; ils attribueront une gravité bien moins grande aux fautes commises à mauvais vent, mais aussi plus de mérite aux qualités manifestées dans ces conditions désavantageuses.

Les épreuves du Setter Club seront jugées d'après l'échelle des points adoptée par le Comité :

1er Nez	25	points.
2e Style, fermeté de l'arrêt	20	»
3e Méthode de la quête, allures.	20	»
3e Dressage	15	»
5e Couler le gibier	15	»
6e Arrêt à patron	5	»
	100	points.

Prix. — Les juges ne décerneront les prix que s'ils reconnaissent que les concurrents les ont sérieusement mérités.

Mention. — Aucune mention ne sera accordée à un chien qui n'aurait pas fait au moins un arrêt.

Il sera accordé des mentions suivant le mérite des chiens et le nombre des concurrents.

Certificat de mérite. — Il sera accordé un certificat de mérite à tout chien qui aura montré de grandes qualités naturelles, qui le recommandent comme reproducteur, mais dont le dressage est insuffisant pour lui faire décerner un prix ou une mention.

Critique des jugements. — Toute personne qui critiquera ouvertement sur le terrain les décisions des juges est passible d'une exclusion des concours à venir, et suivant la gravité du cas s'expose à une disqualification.

Réclamations. — Toute réclamation devra être formulée avant la proclamation des prix.

Contestations. — Toute contestation sera tranchée séance tenante par les commissaires. Leur décision sera souveraine, même pour les cas non prévus au règlement.

MODIFICATIONS AU RÈGLEMENT DES FIELD-TRIALS POUR LE CONCOURS NATIONAL

Quête. — La quête sera naturelle. Aucune limitation ne lui sera assignée ; elle pourra varier d'étendue suivant les moyens du chien ou la nature du terrain.

Arrêt à patron. — L'arrêt à patron n'est pas exigé ; mais il est entendu qu'un chien qui viendrait gêner son concurrent, le dépasser et faire partir le gibier sera éliminé.

Poursuite du lièvre. — La poursuite du lièvre n'est pas une cause d'élimination à condition que le chien revienne à l'appel de son conducteur, et puisse reprendre immédiatement sa quête.

Dans le classement final, les juges tiendront compte de l'étendue et du style des allures et de la quête, des points acquis au chien patronnant naturellement et du respect du lièvre.

Epreuves organisées par le S. C. F.

Chaque année — dans la première quinzaine d'avril en général — le S. C. F. organise concurremment avec le Pointer-club 2 épreuves — depuis quelques années, elles ont lieu à Missy-les-Liesse sur les chasses de M. Pol de Fay — : Un Concours International pour Pointers et Setters de tout âge et un concours national de novices pour Pointers et Setters.

Peuvent prendre part à cette épreuve les pointers et setters n'ayant point gagné jusqu'au moment du concours. A partir de 1909, une tolérance a été accordée dans l'envoi des engagements pour les setters et pointers âgés de 16 mois au maximum, les engagements de ces derniers sont reçus jusqu'au huitième jour qui précède le concours.

Les juges habituels des concours réunis du P. C. F. et du S. C. F. sont MM. Lamaignère, Dr Janez et Cte de Richemont.

SOCIÉTÉS ET CLUBS SPÉCIAUX

(France et Etranger).

Sociétés pour l'amélioration des Races canines
EN FRANCE

Société centrale pour l'amélioration des Races canines en France

Président : Prince de Wagram.
Vice-Président : Cte de Bagneux
Secrétaire : J. Boutroue, 38, rue des Mathurins, Paris.

Club St-Hubert de l'Ouest

Président : M. Baillergeau.
Secrétaire : J. Huguet, 30, rue Leroy, Nantes.

Club St-Hubert du Nord

Président : M. de la Serre.
Secrétaire : M. Damez, 11, contour St-Martin, Roubaix.

Société canine de l'Est

Président : Mis de Bonfils.
Secrétaire : Aureggio, Lay St-Christophe près Nancy (M.-et-M.)

Société canine du Sud-Est

Président : M. Carret.
Secrétaire : M. Vaucher, 9, Quai de l'Hôpital, Lyon.

Société canine du Sud-Ouest

Président : Dr Daléas.
Secrétaire : M. Daumas, 17, rue de Rémusat, Toulouse.

Société canine « La Sologne ».

Président : M. Gentien.
Secrétaire : M. Yon, Faubourg Madeleine, Orléans.

Société canine du Centre

Président : M. Sohet Thibaut.
Secrétariat : Place Fontaine des Barres, Limoges.

Société canine du Midi

Président : M. J.-B. Samat.
Secrétariat : 39, rue de Paradis, Marseille.

Société canine de Normandie

Président : M. Bardin.
Secrétaire : M. Bouterre, 20, rue Nationale, Rouen.

CLUBS SPÉCIAUX

FRANCE

Setter club de France — Montant de la cotisation : 20 francs.

Président : M. de Poly. — *Vice-Président :* M. le comte R. de Montbron. — *Membres du Comité :* Comte de Bagneux, P. Verdé Delisle, Lamagnière. — *Secrétaire du Comité :* M. Mottin.

Siège Social : 38, rue des Mathurins, Paris.

BELGIQUE

English Setter Club Belge. —

Secrétariat : 7, Place du Marteau, Bruxelles.

ANGLETERRE

International Pointer and Setter Society (fait partie de l'International Gundog League). — *Président :* Giltrap-Dublin. — *Secrétaire :* A. Sansom, Hampton Road, Worcester Park, London. — Cotisation 2 livres 2 shellings.

English Setter Club. — *Secrétaire :* M. G. Potter, Quarry Lodge, Head's Nook, Carlisle.

ALLEMAGNE

Deutscher Setter Club. — *Secrétaire* : M. Fritz Schadde, Altermarkt, 19, Barmen. — Rédaction du livre d'origines : M. Kleissl, Woklerstr., 12, Frankfure a. M.

AUTRICHE

Internationaler Klub für English Vorsteh-Hunde. —*Secrétaire :* Frans X. Pleban, 11, Bethoven strasse. Graz.

SUISSE

Internationaler Club für Englishe Vorstehhunde. — *Secrétaire :* Dr Göggenheimer, 73, Hauptplatz, Leiben.

Schweizerischer Verein zur Prufung von Jagdhunden. — *Président :* J. Brugisser, Bremgarten. — *Secrétaire :* Welti, Aarburg. — Cotisation 10 fr.

Verein fur Jagd-und Hundsport. — *Secrétaire :* M. Kohler, 56, Holbeinstrasse, Bâle.

HOLLANDE

Nederlandsche Setter Club. — *Président :* M. G.-J. van der Vliet, Overveen. — *Secrétaire :* M. Coppens, Villy House, Bussum.

Field trials Commissie Nimrod. — *Président :* Jhr. Mr. Quarles van Ufford, Haarlem. — *Secrétaire :* Dr Posthuma, Biggekerke (Zeeland).

ITALIE

Pointer et Setter Club. — *Président :* S. A. R. le duc d'Aoste. — *Secrétaire :* M. E. Pezzoli, Milan.

SUÈDE

Svenska Setter Club. — *Secrétaire :* M. A. Wendel, Mölnlycke.

RUSSIE

Société des amateurs de chiens de Races. — *Président :* Grand Duc Nicolas Nicolaiewitch. — *Secrétaire :* J. de Narytschkine, St-Pétersbourg.

AMÉRIQUE

English Setter Club of América. — *Président :* M. J.-B. Vandergrift, Pittsburg (Pa.). — *Secrétaire :* M. Sterling, Bridgeport (Conn.)

CHENILS DE SETTERS

FRANCE

MM.

BOUTARD. — Chenil des Montenceps, Beaufort (Maine-et-Loire).

Etalon : Flack L. O. F. 13201.
Lice : Flora des Montenceps, L, O. F. 12876.

BORDEREAU. — Chenil de Nogent, 21, rue du Maréchal Vaillant, Nogent-sur-Marne (Seine).

Etalons : 1° Blue-Guid 9254, Blue-belton (Miraud 4636, Kate de Puteaux).
2° King-Daw, 1ers prix, Paris, Lille, Orléans 1908, Lemon-belton. (King Sidi de Nogent, Kate de Puteaux).
Lices : 1° Gyzèle, Blue-belton, sœur champions belges Treff et Méra du Cinquantenaire (Blue-Guid, Yvette des Blanches-Terres.
2° Little-Dona 12574, Lemon-belton, sœur de King-Daw.

CHATEL EUG., 54 *bis*, rue de Paris, Puteaux (Seine).

J. CÔTE. — Chenil de St-Paul de Varax, 19, cours Morand, Lyon (Rhône).

Etalons : Lingfield Lair ; Gruinard Ghost.

DETHIRE HENRI, 24, rue St-Barthelemy, Melun (Seine-et-Marne).

DUFAYET. — Chenil des Fleurs, 25, rue de la Paix, Le Perreux (Seine).

Lice : Diane des Fleurs.

DUFOURCQ, médecin-major, à bord de la *Bretagne,* en rade de Brest (Finistère).

DURAND-VIEL, boulevard François Ier, Le Havre (Seine-Inférieure).

FAUVETTE. — Chenil d'Artemps, Artemps (Aisne).

Foucault-Nieux, rue des Trois-Cailloux, Amiens (Somme).

P. Gibory. — Chenil de Laval, 16, Quai Beatrix, Laval.

Elevage spécial et d'amateur des races anglaises. Setters (Laveracks) et Pointers, sélectionné sur le sang des célèbres reproducteurs du chenil de Laval : Champion Stuart L. O. F. 5833 (Setter) ; Champion Archiduchesse L. O. F. 2240 (Pointer).

Gillet. — Chenil Elgé, 126, rue de Javel, Paris.

Grassal. — Chenil de Piriac, à Mamers (Sarthe).

Sang de Emperor Dash, Clarissa, Empress Rock, purs Laveracks ; Prince Fred, Page, Phave, etc.

Habet. — Chenil de Compans, 41, rue de Compans, Paris.

Etalon : Fram de Compans.
Lices : Roquette de Compans ; Ketty de Montplaisir.

Janez (Dr). — Chenil de la Charité, 43, rue de la Charité, Lyon.

Le chenil est toujours composé de 8 ou 10 sujets du meilleur sang de Field-Trialers, la préoccupation constante de son propriétaire ayant toujours été de conserver aussi pur que possible le sang des Wild, qu'il a cherché ces derniers temps à allier à celui des meilleurs éleveurs anglais.

Lainé. — Chenil de la Vache Noire, Vic-sur-Aisne (Aisne).

Lallemand. — Chenil Clover, Clover-Cottage, La Celle, St-Cloud (Seine).

Etalons : 1° Bill, blue-belton par Meirelbeke-Sam, L. O. S. H. 7158, hors La Dyle L. O. S. H. 6678.
2° Hamlet-de-Clover, lemon par King-Daw, L. O. F. 12572, hors Ritte d'Oestres L. O. F.
Lices : 1° Ritte d'Oestres, blue-belton, L. O. F. 8425, par Ripp-de-Valmondois, hors Rita d'Oestres.
2° Duchesse d'Aixe, blue-belton, L. O. F. 10917 par Duke-de-Josselin L. O. F. 7746, hors Lady-de-Lamilis.

Lamagnière Lucien, 59, rue de Provence, Paris.

Mascaux, à Douchy (Nord).

Mégnin. — Chenil de l'*Eleveur*, 92, rue de Fontenay, Vincennes.

Lice : Reinette de St-Paul de Varax, par Crispi, hors de Mina de St-Paul de Varax.

MOREL. — La Meriseratie, par Revin (Ardennes).

MOUFFLIER. — Chenil St-Simon, 86, boulevard Barbès, Paris,

Etalon : Bound Duc de St-Simon, L. O. F. 7321. 28 prix et prix spéciaux ; 3 prix du Setter-Club en field-trial et expositions. Plusieurs jeunes étalons du meilleur sang.
Lices : Bound Belle de St-Simon (7323) ; Bound Ninette de St-Simon (8478), etc., etc.

PAILLARD. — Chenil de l'Orge, 14, rue du Cherche-Midi, Paris.

Etalon : Grog de l'Orge.
Lice : Etincelle des Fleurs.

PERSON (A)., Vertus (Marne).

PETIT. — Chenil du Martray, rue du Martray, Loudun (Vienne).

PIEL. — Chenil de Coulombs, 31, rue Meslay, Paris.

Etalons : Rapielo (12672) ; Goth de Wildidès (11264) ; Golo de Coulombs (11682).

POLY (de). — Chenil de Lihus, 88, rue de l'Université, Paris.

Cte de RICHEMONT. — Chenil de la Brède, Chateau de la Sangue, La Brède (Gironde).

RIFFLET. — Chenil Star, à Bouchavesne, par Peronne (Somme).

SAINT-AGNAN (de), Chenil de Bonnevaux, 11, rue Michelet, Paris.

Etalons : White Prince de Montsouris (11037), né le 30 avril 1906 par Guillaume Tell de Berny (8083) hors de Lowe II de Boussac (8247) ; Tom de Montsouris, né le 12 avril 1908, même origine que White Prince.
Lices : Diane de Montsouris, mêmes origines, même âge que Tom ; Hetty des Fleurs, né le 25 mars 1908 par Feu du Cinquantenaire hors de Diane des Fleurs.

SAMAT EUG. — Chenil de Villiers, 11, boulevard National, Marseille.

Etalon : Go'on de la Charité.
Lices : Thylda de Vierzy ; Fane de Villiers ; Elgé-Hilda ; Puppies : Holy ; Hope ; Hase de Villiers.

Sicher L., Château de Brignon-Villeneuve-d'Ornon (Gironde).

Siméon (Mme). — Chenil de Peroy, à Peroy (Oise).

Lices : Bound Life de St-Simon et Drogue des Genêts, cette dernière a eu cette année une portée par Bound Duc de St-Simon.

Soliere, 31, quai des Grands-Augustins, Paris.

J. de Vasson. — Chenil de Greuille, Château de Greuille, par Ardentes (Indre).

Verdé Delisle, 122. avenue des Champs-Elysées, Paris.

BELGIQUE

Hacquaert, Tervueren (Belgique).

Witt (de), Rempart des Tailleurs de Pierres, 6, à Anvers.

Etalon : Fram A. L. O. S. H. 7451, blue-belton, 3 ans, nombreux prix. Certificat de championat, Gand 1908.

ANGLETERRE

Elias Bishop, Schute House, Denbury, Newton Abbot, (Angleterre).

Chenil célèbre de field trialers et gagnants d'expositions. Les noms de ch. Ranger, Ch. Chorister, Little Bess, Ranging Aaron, Ranging Moses, Spotted Silk, Spotted Silver, etc., etc., sont bien connus de par le monde entier, et le nom d'Elias Bishop est synonyme de fin connaisseur.

Harry Gunn, Westgate Chambers, Cardiff (Angleterre).

Propriétaire du sang célèbre de Rumney, de Setters anglais.

A.-N. Hall, Cornwell Manor, Chipping Norton.

Chenil célèbre de Gruinard, gagnants de field trials. Parfaitement dressés en chasse pratique et en épreuves. Les noms de Gruinard Grampus, Gruinard Ghost, Gruinard Gein, Gruinard Duck et Gruinard Gloaming, etc., etc., sont des emblèmes de la qualité de travail des produits de ce chenil.

Colonel de Lautour, Leacon Hall, Warehome, Ashford, Kent (Angleterre).

Setters anglais de pedigree contenant sang exposition, field-trials et chasse, travaillés sur grouses et perdreaux.

SUISSE

CHATELAIN. — Chenil de Monruz, à Monruz, près Lausanne.

HOLLANDE

Chenil MATHENESSE, Schiedam.

DETERMEYER. — Chenil Aardee, Amsterdam.

Chenil WILDIUM, Rotterdam.

ALLEMAGNE

DÖRR.— Zwinger Setterfreund, Bad-Weilbacha s. T. Post, Florsheim a/M.

SCHADDE F., Barmen.

ZIEGLER.— Domaine Amt. Grimnitz, b. Gross Ziethen.

AUTRICHE

A. R. VON TOWARNICKI, Boryslaw (Galicie).

Montbéliard. — Sté Anme d'Imprimerie Montbéliardaise.

TÊTE DE POINTER

TÊTE DE SETTER

Editions artistiques dûes au ciseau du sculpteur animalier P. Dreux. Bronze patiné, vieux vert, grand format, monté sur cadre chêne ciré. Véritables pièces d'art susceptibles de décorer une salle à manger, un cabinet de travail, un rendez-vous de chasse, etc. (1).

---

(1) Adresser les commandes aux bureaux de l'*Eleveur*, 4, rue Robert Estienne, à Paris, où des spécimens sont visibles. Prix : 20 fr. Port et emballage : 1 fr. 50.

BIBLIOTHEQUE NATIONALE DE FRANCE
3 7531 01665948 5

www.ingramcontent.com/pod-product-compliance
Ingram Content Group UK Ltd.
Pitfield, Milton Keynes, MK11 3LW, UK
UKHW021512260726
13993UKWH00004B/1639

9 782019 929367